KÄPT'N BLAUBÄRS
Verkehrsbuch

Nach Figuren von Walter Moers · Erzählt von Bernhard Lassahn
Mit Bildern von Matthias Sieb

Ravensburger Buchverlag

Hier frühstückt gerade der berühmte Käpt'n Blaubär mit seinen drei kleinen Enkeln, die meistens ziemlich frech sind. Da ist noch einer: Hein Blöd. Der ist nicht frech. Der ist blöd. Sonst ist er ganz nett. Er gießt dem Käpt'n noch ein bißchen Kaffee nach.

Heute müssen sie in die Stadt zum Einkaufen. Und Hein Blöd will unbedingt eine Flaschenpost wegbringen. Opa kennt sich natürlich gut aus in der großen Stadt.

Er kennt sich ja überall gut aus. Auf dem Stillen Ozean und auf dem Lauten Ozean. „Kinders", sagt er, „wenn wir in die Stadt gehen, müßt ihr aufpassen wie auf hoher See bei Windstärke dreizehn, ist das klar?"

„Klar!", „Klar!", „Klar!" sagen die kleinen Bärchen.

„Klarchen!" sagt Hein Blöd.

„In der Stadt muß man immer auf dem Gehweg bleiben. Man darf die Fahrbahn überhaupt nicht betreten", erklärt er weiter, „sonst kriegt man nämlich nasse Füsse!"

So, nun aber los. Hein Blöd hat einen schweren Anker mitgenommen. Sicherheitshalber.

„Jawohlchen", sagt er, „mit Anker kann man immer sehr gut bremsen."

Die kleinen Bärchen lachen nur.

Käpt'n Blaubär erklärt ihnen, daß man immer der Gefahr ins Auge blicken muß. „So wie ich seinerzeit dem äußerst gefährlichen Ungeheuer der Meerenge von Zu Eng mutig ins Gesicht geblickt habe", verkündet der berühmte Seebär.

„Euer Opi ist nun mal so: unerschrocken, tapfer und schlau."

Schlauerweise muß man deshalb immer auf der Seite gehen, auf der einem die Autos entgegenkommen.

Das wissen die Bärchen schon lange.

Und so machen sie es dann auch.

Nun sind sie in der großen Stadt. Aber wo geht es zur Post und zu einem Geschäft, wo es knackiges Knäckebrot gibt und saure Gurken, die so sauer

sind, daß alle lustig werden? Ein netter Bär erklärt ihnen den Weg: Zuerst über die Straße, dann links, dann rechts, dann links. Alles klar?

Aha, da ist eine Fußgängerampel. So was kennen die Bärchen schon. Wenn das rote Licht leuchtet, müssen sie stehenbleiben. Jetzt ist gerade Rot. Der Käpt'n drückt auf den Knopf an der Ampel, damit es Grün wird. Solange müssen alle warten. Sie können bis an den Bordstein ran. Ran! Nicht drüber. Deshalb heißt er ja auch Stoppstein.

„Hein Blöd, ein bißchen zurück, sonst kriegst du doch noch nasse Füße", sagen die Bärchen und kichern.

Die Bärchen machen das genau richtig. Bis an den Bordstein ran. Ran. Aber nicht drüber.

So, jetzt ist Grün.

„Nein, Kinders, nicht einfach loslaufen", brummt Käpt'n Blaubär.

„Auch wenn die Ampel Grün zeigt, muß man sich noch mal umgucken. Erst in die eine, dann in die andere Richtung. Und auch noch über die Schulter nach hinten. Es kann nämlich sein, daß blitzeschnell ein Auto um die Ecke gebogen kommt."

Das kleine gelbe Bärchen hat das wohl nicht gehört. Es läuft los, als die Ampel Grün wird. Das rote und das grüne

Bärchen können es gerade noch an der Pfote packen: Halt, halt, hiergeblieben! Da kommt doch tatsächlich noch ein Auto angebraust. Das war knapp. „Ja, ja", sagt Hein Blöd, „man muß unbedingt vorher gucken, denn die Autos sind manchmal noch blöder als… als…" Er kommt gerade nicht drauf. Ist ja auch egal. Hauptsache, dem gelben Bärchen ist nichts passiert. Nun gucken sie noch mal alle. In beide Richtungen und sogar über die Schulter nach hinten. Das wird das gelbe Bärchen nicht mehr vergessen.

„Auf den Schreck, Kinders, muß ich euch gleich 'ne spannende Geschichte erzählen", sagt Käpt'n Blaubär. Sie setzen sich solange auf eine Bank. „Die meisten kennen mich ja nur als berühmten Seefahrer, aber daß ich auch ein toller Rennfahrer bin, weiß kaum einer." Stimmt. Das wußten die Bärchen auch noch nicht.

„Da hatte ich mich also zu einem großen Rennen gemeldet", brummt er, „von Sydney nach Rom..."

„Das geht doch gar nicht", unterbrechen die Bärchen sofort.

„Die Strecken, die über das Wasser führten, mußten natürlich mit dem Schiff gefahren werden", erklärt Opa Blaubär, „mit den Autos an Bord."

Es war ein gemischtes Rennen, mit Autos und mit Schiffen.

„Wir starteten in Sydney", erzählt er weiter.
„Wir hatten wirklich ein tolles Auto: einen knallroten Harakiri Diesel. Dummerweise ließ ich Hein Blöd die erste Strecke fahren. So kamen wir dann auch als letzte im Hafen an, wo die Autos auf Schiffe verladen wurden. Hein Blöd ist nämlich die ganze Strecke rückwärts gefahren."
„Rückwärts?!" Die Bärchen können es gar nicht fassen.
„Nun ja", sagt Hein Blöd, „das war ganz schön schlau, nich'? Es gibt nämlich nur einen Rückwärtsgang. Da kann man nicht soviel falsch machen."
„Aber man kommt auch nicht so schnell voran", sagt Opa Blaubär. „Nun ja. Auf hoher See wollte ich natürlich versuchen, wieder kräftig aufzuholen. Segeln kann ich ja. Doch wir wurden vom Pech verfolgt.
Gerade als wir mit unserem schönen Segelschiff losbrausen wollten, wehte kein Lüftchen. Flaute. Zu allem Überfluß hatte Hein Blöd auch noch eine gute Idee. Und ihr wißt ja selber, was dabei rauskommen kann, wenn Hein Blöd eine gute Idee hat..."
Die Bärchen nicken.
„Hein Blöd hatte die Idee, mit dem Rennauto ein bißchen Wind zu machen. Mit dem Auspuff, genauer gesagt. Er war ja rückwärts auf das Schiff draufgefahren, und das Auspuffrohr zeigte genau auf die Segel. Also ließ Hein Blöd den Motor laufen und sorgte dafür, daß ordentlich Auspuffgase aus dem Auto kamen. Natürlich bewegte sich das Schiff davon auch nicht vom Fleck. Keinen Meter. Aber wir wurden ganz und gar einräuchert und eingeschwärzt. Und auf frischen Wind mußten wir weiterhin warten."

Inzwischen sind sie an einem Zebrastreifen angekommen. „Wir haben Hunger, Hunger, Hunger, haben Durst!" rufen die Bärchen. „Guck mal, ob du nicht was zu essen kaufen kannst." Aber am Zebrastreifen gibt es nichts. Da müssen sie erst mal Handzeichen geben. „Wißt ihr eigentlich, Kinders", erzählt Käpt'n Blaubär, „daß ich höchstpersönlich die Zebrastreifen erfunden habe? Zufällig hatte ich gerade einen weißen Farbtopf und einen schwarzen Farbtopf bei mir, als ich damals ohne Socken durch ganz Afrika..."

„Schon gut", unterbrechen die Bärchen sofort. Opa soll lieber Handzeichen geben und gucken, daß sie schnell rüberkommen. Diesmal stehen sie auch alle richtig am Stoppstein. Opa streckt seine blaue Pfote raus, damit auch jeder sehen kann: Aha, hier will einer über die Fahrbahn. Hein Blöd macht es nach. Die Bärchen auch. Da hält auch schon ein Auto an. „Halt, Kinders", brummt der Käpt'n, „ihr müßt erst noch den Autofahrer angucken. Damit ihr auch ganz sicher seid. Und zwar müßt ihr dem Fahrer in

die Augen gucken und nicht etwa dem Auto in die Lampen."
„Aber Käpt'n", beklagt sich Hein Blöd. „Ein Auto kann doch gar nicht gucken. Außerdem sind die Lampen gar nicht angeschaltet."

Da lachen die Bärchen nur. Sie gucken zuerst den Fahrer an, dann gucken sie noch mal auf jede Seite, und dann gehen sie los.
„Zügig!" ruft der Käpt'n, „aber auch nicht rennen!"

Opa Blaubär kauft erst mal für alle eine kleine Stärkung und erzählt weiter von seinem Wettrennen.
„Wir saßen fest. Wir hatten keinen Wind, nur Auspuffgase. Die schönen Segel, die vorher noch blütenweiß in der Sonne leuchteten, waren pechschwarz. Und euer Opi selber, der bekanntlich so einen schönen blauen Pelz hat, hatte jetzt ein schwarzes Fell. Außerdem

waren wir die letzten. Wir hätten uns schwarz ärgern können. Aber das waren wir ja schon. Doch dann kam alles noch viel schlimmer. Auf hoher See trieb sich der gefürchtete Pirat Schwarzbart mit seiner Bande rum. Schwarzbart hatte, wie ihr vielleicht schon wißt, nicht nur einen schwarzen Bart, der hatte auch schwarze Füße und schwarze Fingernägel. Auch sein ganzes Schiff war rundum schwarz. Aber das allerschlimmste war, daß Schwarzbart und seine Piraten ein neues Hobby hatten: Die sammelten Autos. Möglichst schnelle Autos. Davon konnten die gar nicht genug kriegen. Sie hatten auch schon jede Menge Autos erbeutet. Nur unseren schönen Harakiri Diesel hatten sie noch nicht. Doch nun kamen die Piraten immer näher. Ich konnte sie schon gut durch mein Fernrohr erkennen. Als Hein Blöd sie auch bemerkte, biß er sich vor lauter Angst Löcher in sein Hemd, das inzwischen natürlich auch schon ganz schwarz war. Und da hatte ich plötzlich die rettende Idee …" Opa Blaubär hebt seinen Zeigefinger, wie immer, wenn er eine Idee hat. „Und die wäre?" wollen die kleinen Bärchen wissen. Hein Blöd grinst nur. Opa Blaubär sagt es ihnen: „Ich habe schnell das zerrissene Hemd von Hein Blöd als Fahne gehißt. Als die Piraten unsere zerrissene schwarze Fahne sahen und unsere schwarzen Segel, dachten die, wir gehörten auch zu der Bande von Schwarzbart. Wir sahen ja so aus. Wir waren auch von oben bis unten schwarz. Und so winkten uns die Piraten fröhlich zu und ließen uns vorbei.

Wir waren nun die einzigen Rennfahrer, die noch übrig waren. Alle anderen hatten ja ihre Autos verloren. Es hat dann zwar noch ewig gedauert, bis wir als Sieger in Rom ankamen. Aber man nennt Rom ja auch die Ewige Stadt." Die Bärchen stöhnen. Gemogelt. So hätte jeder gewinnen können. Opa Blaubär zuckt nur die Schultern. „Vielleicht war die Geschichte nicht so doll. Aber die Pommes waren sehr gut."

Gut, sie waren also als Sieger in Rom angekommen, falls man Käpt'n Blaubär glauben will. Aber nun müssen sie endlich zur Post, um ihre Flasche loszuwerden.

„Hier geht's lang", sagt der berühmte Seebär und Rennfahrer und zeigt mit der Pfote über die Fahrbahn.

Aber wie sollen sie da jetzt rüberkommen? Es ist keine Fußgängerampel in der Nähe, kein Zebrastreifen, nichts. Tja, was nun?

„Auf die Fahrbahn darf man nicht drauftreten, weil man dann nämlich nasse Füße kriegt", sagt Hein Blöd schon wieder.

Dann flüstert er dem Käpt'n zu:

„Ich weiß natürlich, daß man da keine nassen Füße kriegt. Ich sag das doch nur, damit die Kleinen etwas lernen. Ich bin doch nicht blöd."

„Na ja", brummt der alte Bär: „Nun hilft alles nichts. Wir müssen auf die Fahrbahn drauftreten. Keine Ampel, kein Zebrastreifen weit und breit. Das ist ein Notfall."

Stimmt. Da müssen sie doch mal über den Bordstein rüber. Bei all den parkenden Autos kann man die Fahrbahn sonst gar nicht überblicken.

„Aber Käpt'n", jammert Hein Blöd, „der Bordstein ist doch Stoppstein."
Opa Blaubär nickt:
„Da hast du recht, aber das ist jetzt ein Notfall." Er wagt sich zwischen zwei parkenden Autos durch, bis er die Fahrbahn überblicken kann. Die anderen kommen vorsichtig hinterher. Nun können sie die Autofahrer sehen, und die Autofahrer sehen auch sie.

„Bleibt schön hinter mir", kommandiert der Käpt'n.
Dann guckt er. Hein Blöd und die drei Bärchen gucken natürlich auch.
Erst in die eine Richtung, dann in die andere. Und als die Autos endlich vorbei sind und die Fahrbahn richtig frei ist – gehen sie los. Nichts wie rüber. Schnell, aber auch nicht rennen.

Geschafft. Sie sind auf der anderen Seite angekommen. Da hat der berühmte Seebär auch schon etwas entdeckt. Eine Bäckerei!
Hm, der alte Bär mag so gerne Leckereien aus Bäckereien.
Hm, da möchte er am liebsten gleich durch die Scheibe durch.
Der Fahrradfahrer, der gerade vorbeisaust, tippt sich an den Helm. So etwas hat er noch nie gesehen: ein Matrose, der mit einem Anker durch die Stadt läuft. Und der dicke blaue Bär, der sich die Nase an der Schaufensterscheibe plattdrückt – ist das nicht der berühmte Käpt'n Blaubär? Dabei vergißt der Radfahrer ganz, auf den Weg zu achten.
Die Bärchen haben auch nicht auf den Weg geachtet. Sie sind nämlich gar nicht auf dem sicheren Gehweg, sondern spazieren munter auf dem Radweg herum. Haben sie denn das Schild nicht gesehen?

Da ist es auch schon passiert. Rumms! Zusammenstoß! Der Radfahrer und das grüne Bärchen liegen auf dem Boden. Das Vorderrad ist verbogen, der Fahrer ist stinkesauer. Gut, daß er seinen Helm aufhat. Aber die Knie tun ihm jetzt weh. Dem kleinen grünen Bärchen ist schwarz vor Augen. Das war aber auch ein Schreck. Außerdem hat es sich an der Pfote das Fell ein bißchen geratscht. Die beiden andern Bärchen helfen ihm wieder auf die Beine. Hein Blöd kümmert sich um den gestürzten Radfahrer. Der schimpft natürlich und sagt: „Das grüne Bärchen hätte besser aufpassen müssen. Das lief nämlich mitten auf dem Radweg.“ Die beiden anderen Bärchen helfen schnell, alles wieder einzusammeln.
Der Radfahrer flucht immer noch: „Verflixter Bärendreck! Wer soll das Rad jetzt in Ordnung bringen?“
Käpt'n Blaubär verspricht ihm, daß er den Schaden bezahlt. Ungelogen. Eigentlich hätte er sich lieber Kuchen gekauft. Jetzt spart er das Geld, um die Reparatur bezahlen zu können.
Ein Glück, denkt er, daß es nicht noch schlimmer gekommen ist. Es kann wirklich viel passieren in den großen Städten auf dem platten Land.

Immerhin haben sie es jetzt fast bis zur Post geschafft. Die ist gleich um die Ecke. „Käpt'n", sagt Hein Blöd, „könnten Sie nicht die Flaschenpost für mich abgeben? Die ist doch für die Nixe mit den dreihundert Wünschen."

Sie müssen noch ein bißchen warten, dann sind sie dran. Käpt'n Blaubär gibt die Flaschenpost ab, aber die Postbeamten wundern sich nur.

„Was soll das denn sein?" fragen sie.

„Wo soll man da denn eine Briefmarke draufkleben?"

„Das ist eine Flaschenpost", erklärt der Käpt'n. „Die will Hein Blöd ...", aber mehr versteht man nicht. Die Postbeamten schreien vor Lachen.

„Welche Flasche kommt denn auf so eine blöde Idee?" fragen sie.

Auch die kleinen Bärchen lachen. Alle drei.

Denen geht es inzwischen wieder gut. Opa Blaubär brummt nur ärgerlich.

„Tja, so ist das, wenn man Hein Blöd einen Gefallen tun will. Dann wird man am Ende doch nur ausgelacht."

„Eine Flaschenpost muß auf dem schnellsten Weg ins Wasser", sagt der Käpt'n draußen auf der Straße und wirft die Flasche in ein Loch. „Aha, da ist ja auch ein Laden." Käpt'n Blaubär stürmt hinein und merkt gar nicht, daß ein Kanalarbeiter aus dem Loch krabbelt, der furchtbar schimpft, weil ihm irgendein Blödmann eine merkwürdige Flasche auf den Helm geworfen hat.

So, das wäre auch geschafft. Die Flaschenpost ist unterwegs. Knäckebrot und saure Gurken sind gekauft. „Nun habt ihr kleinen Bärchen auch mal 'ne Ruhepause verdient", sagt Käpt'n Blaubär, als sie an einem Spielplatz vorbeikommen. „Ihr dürft euch ein bißchen erholen."

Kaum hat er das gesagt, liegt er auch schon auf einer Bank und schnarcht. Das rote und das gelbe Bärchen wippen, und das grüne Bärchen spielt solange mit dem Ball. Da rollt der Ball auf die Fahrbahn. Das grüne Bärchen wartet, bis die Straße frei ist, und holt dann erst den Ball.

Langsam wird es dämmerig. Opa Blaubär wacht auf, als ihm der Ball auf den Bauch fällt. Er guckt auf die Uhr. „Was? Schon so spät?"
Da wollen sie doch lieber mit dem Stadtbus zurückfahren. So weit wie sie können. Ein Stückchen werden sie dann schon noch laufen müssen. Jetzt wollen sie allerdings erst mal einsteigen. Das ist natürlich besonders schwierig für Leute mit Kinderwagen. Hein Blöd hilft. Er ist nun mal sehr hilfsbereit. Und außerdem hat er immer wieder gute Ideen.

Als sie endlich sitzen, fragt er: „Ist euch eigentlich schon was aufgefallen? Aber mir! Wir haben hier so viele Autos gesehen in der Stadt. Die fahren alle vorwärts. Kein Auto fährt rückwärts. Aber ihr wißt ja: Wenn man rückwärts fährt, kann man nicht so viel falsch machen. Aber wenn die Autos hier alle vorwärts fahren, dann heißt das, daß die ganz schön viel falsch machen können, nich'?
Da muß man immerzu aufpassen."

„Guckt mal raus, Kinders", sagt Käpt'n Blaubär. „Kennt ihr die Stelle? Hier waren wir heute schon."

„Klar", sagen die Bärchen. „Klar!"

Hein Blöd überlegt. „Es sieht alles ganz anders aus, Käpt'n. Die Leute habe ich auch noch nie gesehen. War wohl ein Scherz, oder?"

So. Der Bus hält. Weiter geht es nicht. Endstation. Alles aussteigen, bitte.
Den Rest der Strecke gehen sie wieder zu Fuß. Das rote Bärchen stellt sich schon mal richtig an den Bordstein.
Da reißt der Busfahrer seine Tür auf und schimpft: „Nicht vor dem Bus auf die Fahrbahn gehen, du kleiner roter Feger!"
Da ärgert sich das kleine rote Bärchen aber.
Es wollte doch sowieso warten, bis der Bus weggefahren ist.
„Der Fahrer hat schon recht", meint das grüne Bärchen, „man darf nie direkt vor oder hinter dem Bus über die Fahrbahn gehen. Das ist zu gefährlich. Da könnte leicht ein Auto kommen, das man nicht rechtzeitig sehen kann."
„Aber das wissen wir doch", sagt das gelbe Bärchen, „deshalb muß man doch nicht gleich so schimpfen!"

Der Käpt'n, die Bärchen und Hein Blöd gehen wieder auf der richtigen Seite nach Hause. So, daß sie der Gefahr ins Auge blicken und die Autos schon von weitem sehen können, wenn sie angerast kommen.
Die Bärchen kann man auch gut von weitem erkennen. Die haben nämlich extra Leuchtschilder an ihren Rucksäcken. Hein Blöd ist viel zu müde, um immer noch rückwärts zu gehen.
Alle sind froh, daß sie bald wieder zu Hause sind.
„Ja, die große Stadt ist wirklich äußerst gefährlich", brummt der Käpt'n.
„Das hab ich euch gleich gesagt."

Zu Hause fallen die Bärchen sofort ins Bett. Opa bringt für alle eine Wärmflasche. Das rote Bärchen ärgert sich immer noch, daß es ausgeschimpft wurde. „Ich weiß doch, daß man nie vor oder hinter dem Bus über die Fahrbahn gehen darf. Weiß ich doch."
„Und ich weiß, wie man es bei einer Ampel richtig macht", sagt das gelbe Bärchen und gähnt schon, „man muß immer erst gucken. Auch wenn es Grün ist, immer erst gucken, sogar nach hinten über die Schulter. Das mach ich jetzt immer so bei einer Ampel."
„Genau", mampft Hein Blöd. „Es gibt nämlich immer welche, die noch blöder sind als mampf, mampf..."
Mehr kann man nicht verstehen.
„Und ich achte jetzt immer auf die Radfahrer", sagt das grüne Bärchen. „Ganz bestimmt... Meine Pfote tut zum Glück fast nicht mehr weh."
„Na, dann schlaft mal schön, ihr drei äußerst schlauen Bärchen", sagt Opa.

Liebe Eltern,

dieses Buch kann das praktische Training im Straßenverkehr nicht ersetzen. Begleiten Sie Ihr Kind am Anfang auf dem Weg zum Kindergarten oder zur Schule. Denn selbst auf den Gehwegen gibt es keine absolute Sicherheit mehr; achten Sie vor allem auf die Radwege und auf unübersichtliche Einfahrten.
Sie werden dabei erleben, wie weit die tatsächliche Verkehrssituation von jeder Theorie abweicht:
Manche Straßen sind heute so zugeparkt, daß man als Fußgänger Schwierigkeiten hat, sie zu überqueren.
Auch die Ampeln sehen in einigen Städten anders aus als im Buch. Die Grünphase ist womöglich so kurz, daß jeder Sportler Schwierigkeiten hätte, rechtzeitig auf die andere Seite zu kommen.
Und kein Erwachsener schaut noch schnell – wie hier empfohlen – vorher in alle Richtungen.
An Zebrastreifen werden Sie kaum jemals jemanden beobachten, der tatsächlich – wie vorgesehen – Handzeichen gibt. Wenn sie erst einmal anfangen, darauf zu achten, werden Sie sehen, wie viele der Verkehrsteilnehmer sich nicht korrekt verhalten.

Um so wichtiger ist es, daß Kinder wissen, was sie tun müssen. Versetzen Sie sich dabei in die Lage ihres Kindes. Gehen Sie ruhig einmal in die Knie, dann sehen Sie, daß Kinder einen anderen Blickwinkel haben als Erwachsene. Kinder können auch die Geschwindigkeiten von Autos noch nicht richtig einschätzen und Geräuschquellen nicht so leicht orten wie Erwachsene. Doch die größte Gefahr besteht immer darin, daß Kinder einfach vergessen, wo sie sich befinden, und daß sie sich so wunderbar spontan verhalten.

Kinder sollten also ihre Wege kennen und an jeder Stelle genau wissen, wie sie sich verhalten müssen. Das lernen sie nur, wenn Sie sich die Mühe machen, mit Ihren Kindern zusammen die Wege auszukundschaften.
Kinder lernen vor allem, indem sie

uns nachahmen, deshalb zeigen Sie ihnen an den jeweiligen Stellen, was sie machen sollen. Keine Hemmungen. Übertreiben Sie ruhig, und machen Sie deutlich, was Sie gerade alles tun, um sich richtig zu verhalten: „So, jetzt gucke ich in die eine Richtung. Nun in die andere. Und dann noch über die Schulter…" (Links und rechts ist für die Kinder oft noch zu verwirrend, und sie müssen bei dem heutigen Verkehr sowieso in beide Richtungen gucken – auch bei Einbahnstraßen.)
Machen Sie es überdeutlich vor, auch wenn Sie sich wie der Verkehrskasper persönlich fühlen. Haben Sie keine Angst, Ihr Kind zu sehr zu behüten, es hat noch nicht die Routine, die uns inzwischen selbstverständlich geworden ist.

Ein Kind schwebt im Straßenverkehr ständig in Lebensgefahr. Für Schulkinder sind Verkehrsunfälle die häufigste Todesursache.
Es sind etwa tausend Jungen und Mädchen, die jährlich auf unseren Straßen sterben.

Für Kinder ist so ein praktischer Verkehrsunterricht anstrengend. Gönnen Sie den Kleinen zwischendurch eine Pause zum Spielen. Und haben Sie vor allem Geduld.

Es genügt aber nicht, das Verhalten der Kinder so gut wie möglich dem heutigen Verkehr anzupassen. Setzen Sie sich genauso dafür ein, daß sich der Verkehr Kindern anpaßt und daß rücksichtsvolles Handeln im Straßenverkehr in den Mittelpunkt rückt.

3 2 1 96 95 94

Lizenziert durch: Ravensburger Film + TV GmbH,

Dieses Buch entstand nach Figuren von Walter Moers
Text: Bernhard Lassahn
Illustrationen: Matthias Siebert
Redaktionelle Mitarbeit: Kerstin Kipker
Redaktion: Andrea Erne
Printed in Italy · ISBN 3-473-33456-1

Die Deutsche Bibliothek – CIP-Einheitsaufnahme

Käpt'n Blaubärs Verkehrsbuch:
nach Figuren von Walter Moers /
erzählt von Bernhard Lassahn.
Mit Bildern von Matthias Siebert.
[Red.: Andrea Erne]. – Ravensburg:
Ravensburger Buchverl., 1994
ISBN 3-473-33456-1
NE: Lassahn, Bernhard; Siebert, Matthias;
Erne, Andrea [Red.]